精准扶贫丛书
种养致富系列

香蕉种植致富图解

潘连富 付 岗 主 编
杜婵娟 杨 迪 叶云峰 张 晋 副主编

广西科学技术出版社

图书在版编目（CIP）数据

香蕉种植致富图解 / 潘连富，付岗主编. —南宁：广西科学技术出版社，2017.12（2020.9重印）
ISBN 978-7-5551-0863-4

Ⅰ.①香… Ⅱ.①付… Ⅲ.①香蕉—果树园艺—图解 Ⅳ.①S668.1-64

中国版本图书馆CIP数据核字（2017）第275407号

香蕉种植致富图解

潘连富　付　岗　主　编
杜婵娟　杨　迪　叶云峰　张　晋　副主编

责任编辑：黎志海　张　珂　　封面设计：苏　畅
责任印制：韦文印　　责任校对：陈叶萍

出 版 人：卢培钊
出版发行：广西科学技术出版社　　社　　址：广西南宁市东葛路66号
邮政编码：530023　　网　　址：http://www.gxkjs.com

经　　销：全国各地新华书店
印　　刷：广西民族印刷包装集团有限公司
地　　址：南宁市高新区高新三路1号　　邮政编码：530007
开　　本：787mm×1092mm　1/16
印　　张：4.75　　字　　数：78千字
印　　次：2020年9月第1版第2次印刷
书　　号：ISBN 978-7-5551-0863-4
定　　价：22.00元

目　录

一、概述

1. 香蕉的营养成分（每100克含量）

产地	广西	广东	福建
水分（克）	81.2	77.0	74.2
蛋白质（克）	1.7	1.5	1.3
脂肪（克）	0.2	0.1	0.2
碳水化合物（克）	15.3	18.8	23.1
灰分（克）	1.2	0.6	0.6
钙（毫克）	19.0	8.0	8.0
磷（毫克）	53.0	23.0	32.0
铁（毫克）	0.7	0.3	0.5
胡萝卜素（毫克）	0.1	—	0.06
硫胺素（毫克）	0.03	0.02	0.01
核黄素（毫克）	0.05	0.05	0.02
烟酸（毫克）	0.08	0.7	0.8
抗坏血酸（毫克）	24.0	11.0	9.0

注：摘自中国预防医学科学院营养与食品卫生研究所。

2. 世界主要香蕉生产国家产量情况

国家	中国	印度	菲律宾	巴西	泰国	越南
产量（万吨）	324	1 020	355	555	170	132

注：摘自联合国粮农组织生产年鉴（1998）。

3. 我国香蕉种植面积及产量情况（2015年）

产地	广东	广西	福建	海南	云南
种植面积（万亩*）	100	170	30	50	150
产量（万吨）	250	425	75	125	375

注：亩为非法定计量单位，但为方便阅读理解，本书的计量单位仍用亩，1亩≈666.7平方米，1公顷=15亩。

二、香蕉主要栽培品种

1. 威廉斯B6（果指整齐，产量高）

威廉斯B6株形

威廉斯B6果形

2. 巴西蕉（果指大，商品价值高）

巴西蕉株形

巴西蕉果形

3. 金粉1号西贡蕉（果皮金黄，味道清甜）

金粉1号西贡蕉株形

金粉1号西贡蕉果形

4. 广粉1号西贡蕉（果皮薄，味道清甜）

广粉1号西贡蕉株形

广粉1号西贡蕉果形

5. 红香蕉（果皮紫红，吉利香蕉）

红香蕉株形

红香蕉果形

三、香蕉的生长习性

1. 根的习性

香蕉的根系属于须根系，与直根系作物相比，香蕉的根系没有主根，是由球茎抽生出的不定根、簇生根和根毛组成的，香蕉根系相对其庞大的蕉体而言，分布非常浅。有研究表明，香蕉60%～70%的根系分布在表土30厘米的土层内（施肥区）。

2. 茎的结构及生长习性

香蕉的茎分为真茎和假茎两部分。

真茎：包括球茎和气生茎（花序茎）。球茎俗称蕉头，生于地下，是着生根系、叶片和吸芽的部位，也是养分的贮藏器官。

假茎：由叶鞘互相紧密抱合而成，俗称蕉身或蕉秆，多汁，呈圆柱形。叶鞘两面光滑，内表皮纤维素很厚，外表皮外露时，先是木栓化，后是木质化，以起保护作用。

3. 叶的生长习性

叶片是香蕉光合作用的重要器官，香蕉植株一生抽生的叶片数差异较大。如刚抽蕾挂果的母株因受风害或冷害而砍去后，再抽生的吸芽一般抽生30～32片叶即可抽蕾；种苗弱小或用试管苗种植的植株抽生的叶数较多，通常为40～44片，多的达50片，条件良好时，抽生36～38片叶也可抽蕾。

4. 吸芽的生长习性

每株香蕉有几个甚至十几个吸芽。吸芽的抽生与生长，需要消耗母株养分。

5. 花和果实的生长习性

香蕉的花序为顶生穗状花序。花有3种类型，基部是雌花，中部是中性花，末端是雄花。在3种花型中，只有雌花能结成果实。

各种花开放的次序依次为雌花、中性花、雄花。

香蕉果实的生长在抽蕾前已开始，主要是果皮生长。果肉的生长要等到果指上弯后才开始。

小贴士

（1）香蕉根系是须根系，分布比较广，但浅，水位高的水田地块容易烂根。

（2）香蕉的茎分真茎和假茎，是香蕉的营养通道，钾肥充足，茎秆就硬朗。

（3）香蕉叶片是营养制造工厂，保持叶片健康、厚绿、无病，是香蕉高产的保证。

（4）香蕉吸芽是香蕉繁衍后代的一种方式，也是消耗养分的一种途径，管理时要注意留好芽，及时除掉无效芽。

四、香蕉对环境条件的要求

（1）温度：香蕉要求高温多湿，生长温度为20～35℃，最适宜温度为24～32℃，最低不宜低于15. 5℃。香蕉怕低温、忌霜雪，耐寒性比大蕉、粉蕉弱。

（2）水分：蕉园的土壤中应保持适当的水分，最理想的是年降水量达1 800～2 500毫米且分布均匀，最好每月有150～200毫米的降水量，最低也不宜少于100毫米的降水量。

（3）土壤：土壤要疏松透气、有机质含量丰富、矿物质营养元素含量高；上层厚度达到60～80厘米；地下水位低于100厘米，灌溉与排水方便；土壤pH值应为4.5～7.5，最适pH值为5.5～6.5，pH值在5.5以下蕉株易患凋萎病。

（4）光照：香蕉的生长发育需要充足的光照，特别是在花芽形成期、开花期、果实成熟期，要求日照时数多，并有阵雨。

小贴士

（1）香蕉属于热带作物，喜高温，怕霜冻。

（2）香蕉是大叶粗秆作物，喜水，怕泡水。

（3）香蕉的须根特性，要求土壤疏松透气。

五、香蕉试管苗的假植育苗技术

（1）假植大棚的要求：交通方便、向阳、远离枯萎病等疫区。

（2）香蕉试管苗一级苗的要求：叶片浓绿，茎秆青绿硬朗，根长且白。

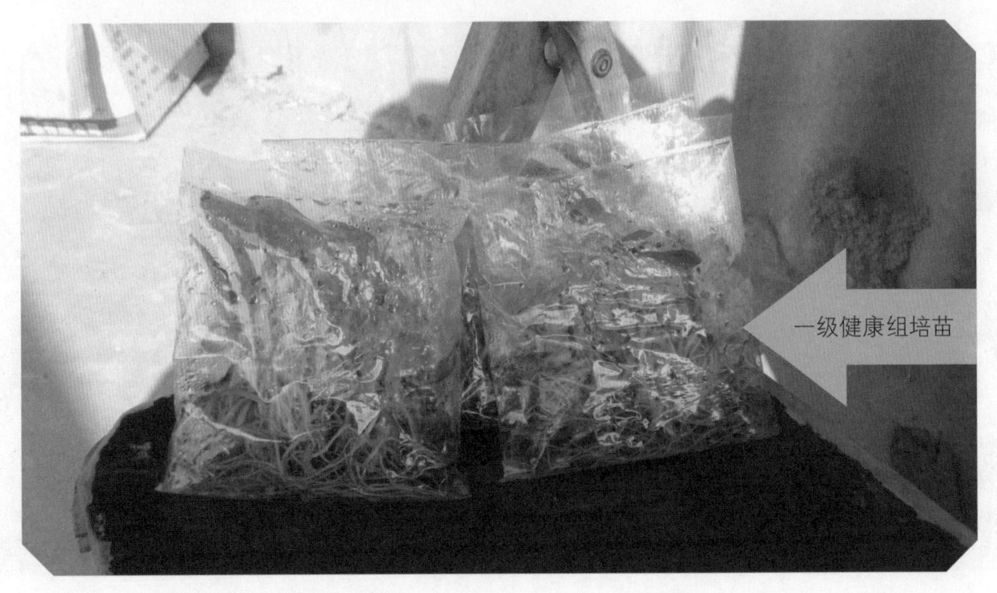

（3）假植：试管苗一般还比较细嫩，建议先假植在细沙里或细泥里，淋足水，盖上地膜保水，待长叶片发粗根后再移栽到营养杯里。

（4） 营养杯苗培育：假植过的小苗移栽到营养杯后，正常肥水管理，一般夏季40～50天、冬季80～100天就可以出圃。

（5）剔除变异苗：苗床中发现有叶片扭曲、不对称、特高或特矮的苗，都拣出剔除。

（6）炼苗：出圃前，把遮阳网揭开，让苗在自然光环境下锻炼几天，让苗炼得老熟。

（7）出圃。

远程运输包装

近途运输包装

小贴士

注意事项：

（1）试管苗技术已经非常成熟，一般不用选择吸芽苗育苗了。

（2）严格剔除生长不正常的变异苗。

（3）出圃前，一定要打开遮阳网，炼苗5～7天。

六、香蕉园址的选择

（1）水田蕉园：水位较高，土质偏黏，容易渍水，蕉园易受涝害，雨季生长较差。整地宜用高畦、深沟、双行模式栽培。

（2）坡地蕉园：坡地多为红壤土，有机质含量较低，偏酸性。宜深松土，开深沟，在沟底种植，有利于保水保肥。

七、香蕉种植

1. 种植时期

（1）春植蕉。

定植时间：2~3月。

抽蕾时间：8月底至9月底。

上市时间：元旦至春节前后。

风险：较大，霜冻来时未成熟的香蕉容易失收。武鸣、隆安、南宁郊区等霜冻概率大，慎重种植春蕉。

优势：市场价格比较好，稳定。

（2）夏植蕉。

定植时间：6～8月。

抽蕾时间：翌年6～7月。

上市时间：中秋节前至国庆节后。

风险：过冬时苗过大，盖不了天膜，遇到霜冻会被冻死。田东、龙州等霜冻轻的地区才可以种植。

优势：产量高，市场价格很好、稳定。

（3）秋植蕉。

定植时间：9～11月。

抽蕾时间：翌年8～9月。

上市时间：10～12月。

风险：盖天膜和地膜过冬，容易操作，不受霜冻影响，产量有保证，但上市的时间集中，市场价格一直不高。

优势：产量高且稳定，属于广西的正造香蕉。

2. 种植方式

（1）单行植：适合旱地栽培。

（2）双行植：适合水田栽培。

3. 种植密度

（1）旱地种植密度：每亩种植130～140株，株行距为2.0～2.2米，粉蕉植株比较高大，每亩种植120～130株为宜。

（2）水田种植密度：每亩种植130～150株，株行距1.8～2.2米，粉蕉可以种植110～150株，矮化处理的可以密植一点。

小贴士

（1）种植行向：以东西向为好，选取长势一致的试管苗种植，定植时要求最后一片叶片的指向一致，这样以后抽生的新叶生长方向基本一致。

（2）施肥：基肥宜深施、早施，农家肥要腐熟后再施用，防止伤根。

（3）种植深度：适中，试管苗宜浅种，后再慢慢培土。

八、香蕉的管理技术

1. 施肥管理技术

（1）施肥时期和次数。

基肥：定植前，在种植坑内第一次施肥，施大肥

攻苗肥：苗高50厘米左右、出现花叶时第二次施肥，施小肥

攻秆肥：株高1米左右时，植株生长旺盛，第三次施肥，施大肥

攻穗肥：株高1.5～1.7米时，花穗分化期，第四次施肥，施大肥

攻蕾肥：株高1.8～2.0米时开始抽蕾，第五次施肥，施小肥

保果肥：抽蕾到套袋前，保果期，第六次施肥，施大肥

（2）施肥种类和施用量。

基肥：每株施腐熟有机肥7.5～10千克，加100克复合肥和500克过磷酸钙。

追肥：以复合肥为主、钾肥为辅，后期偏重钾肥，大肥的复合肥每株施500克，小肥的复合肥每株施150～200克。

叶面肥：以氨基酸、微量元素为主。

（3）施肥方法。

基施

穴施

沟施

撒施

淋施

叶面喷施

小贴士

（1）重有机肥，轻化肥：如果计划每株投入20元肥料的成本，建议有机肥13元、化肥7元。

（2）重钾肥，轻氮肥：如果每株7元化肥，建议氮磷钾比例为2∶1∶4，即4元钾肥、2元氮肥、1元磷肥。

（3）一重基肥，主要以有机肥为主，有机肥的80%都在基肥时施用。

（4）二重追肥，主要在3月，在开春转暖、香蕉苗生长旺盛期施用，化肥全年用量的40%在这个时期施用。

（5）三重分化期追肥，这次重肥应在5～8月的花芽分化期施用，这个时期也应施用化肥全年用量的40%。

2. 水分管理技术

（1）旱地香蕉水分管理。

滴灌

喷灌

（2）水田香蕉水分管理。

小苗田间保湿

中苗田头关闸蓄水

大苗田头关闸蓄水

雨季田间排水

小贴士

（1）旱地香蕉以滴灌最省水，保湿效果最好。

（2）有条件的种植户可以把肥料溶在肥料池中，随滴灌水一起均匀滴到香蕉根部，既有利于肥料的吸收，又节省人工施肥的劳动力。

（3）香蕉喜水但怕涝，尤其水田香蕉，雨季雨水丰沛时，一定要及时排涝，防止水分过多引起香蕉烂根，影响生长。

3、植株管理技术

（1）吸芽管理。

留芽：二路芽最好，果穗背面留芽、二代芽株行距均匀、芽的大小接近。

除芽：除留下用于第二代香蕉生产使用的芽外，原则上把多余的芽除掉。

小贴士

（1）第二代留吸芽成本低，产量高，在无病的新蕉园留吸芽用于第二年的生产，成本最低，但要掌握好留芽时机、保证吸芽质量等关键技术。

（2）除芽方法有几种，传统的锄头铲除，伤根且耗费劳动力，建议使用尖嘴器具蘸火油或柴油对准生长点刺杀的方法，省工省力效果好。

（2）花果的管理。

校蕾：密植的香蕉园会有叶片妨碍香蕉蕾的下垂，因此要及时校蕾，把阻挡蕉蕾的叶片撕掉，让新蕉蕾自然下垂生长。

断蕾：9月15日以前抽蕾的，看蕉树长势一般可以留8～10梳；9月15日以后抽蕾的，一般留6～8梳。

疏果：不要贪果数多，果数多，果就小且不均匀，影响商品价值。果数多的梳中间，可以去掉1～2个果，果梳最后一梳单独留1～2个小果，防止果轴往上腐烂。

果梳喷药：从蕾包打开见到第三梳果开始喷第一次果药，果药配方为15千克水加10%吡虫啉10克、10%凯润10毫升，每隔5天喷1次，目的是防治香蕉蓟马和香蕉黑星病。

抹花：待香蕉蕾果梳基本打开完毕、未断蕾前，从蕾下部起逐梳抹干净香蕉花。抹花时会有浆液流出，可以用成本较低的卷筒纸吸附，以免干后果皮留下黑色痕迹。雨天不能抹花。

垫把套袋：最后一次喷足护果药后，在每一梳果之间塞进一张15厘米×30厘米的牛皮纸或石棉作为垫把纸（防止收果时果梳之间相互碰伤），然后套上定形袋（固定梳形不分散，保证果形优美整齐），最后套上蓝色防寒袋。防寒袋内层最好加一层石棉，可起到保温抗寒的作用。

牛皮纸垫把
定形袋

垫纸防流浆

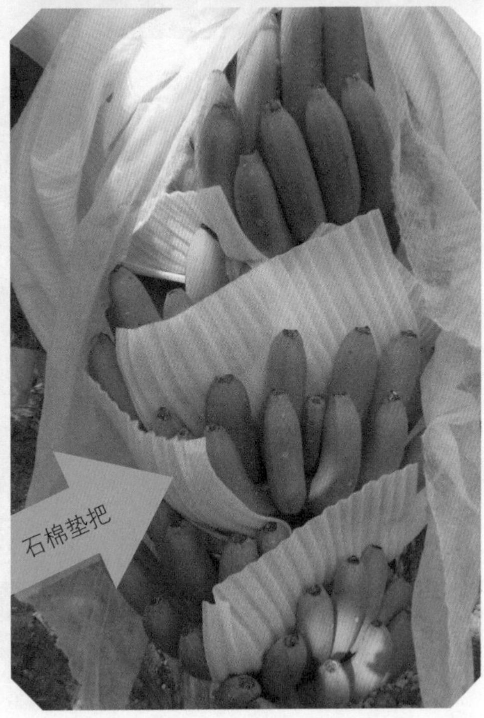
石棉垫把

套上防寒袋

（3）采果后残茎的处理。

采果后，砍掉顶部，保留1～1.5米的植株茎，这样老的植株茎部可以把剩余的养分转移给吸芽，有利于吸芽的生长。

九、香蕉的防护、采收和包装

1. 香蕉的防寒

（1）双膜过冬。

10月种植的蕉苗，在12月初寒潮霜冻来临之前，在地表覆盖一层黑色地膜，还要加小拱棚盖上天膜防寒。

地膜覆盖

小拱棚覆盖

（2）拱棚过冬。

（3）烟熏护园。

在天气晴朗的白天，天气预报气温在10℃以下，意味着半夜气温会低于5℃，会有霜冻的降临。18时左右在蕉园的四周堆一定数量的稻草、谷壳、木屑等，然后点火熏烟，让蕉园的上空弥漫一层浓烟，可以起到防霜冻的作用。

（4）灌水防冻。

水田蕉园或有条件的坡地蕉园，在天气预报有霜冻时，在沟内灌注一层薄水，可以有效减轻霜冻的危害。

（5）除草。

气候温暖，雨水丰沛，野草也会疯长。蕉园除草一般在2～5月未封行前，使用百草枯或草铵膦按使用浓度喷行间杂草，2月喷第一次，4月喷第二次，基本可以抑制野草的生长。

小贴士

（1）香蕉对2,4-D等激素成分很敏感，选择除草剂时一定要慎重，目前使用草铵膦成分的除草剂比较安全。

（2）喷雾器要加定向罩，防止除草剂水液飞溅到香蕉叶片和茎秆上。

（6）培土。

2月除草过后，随之而来的就是第一次大肥的施用，接着是第一次大培土。培土原则是盖过香蕉球茎和施用的肥料。

培土

培好土后的香蕉行间

2. 香蕉的防风

（1）立防风桩保护。

每年8～12月是台风季节，受台风影响频繁的蕉区，在1.5米以上的香蕉的茎秆旁边立1根比较牢固的木桩，把木桩和蕉秆绑在一起，可以有效抵御台风的危害。

立柱防风

立柱防倒

（2）拉防护绳。

香蕉抽蕾后，在每株香蕉蕾下50厘米靠近香蕉的根部绑一根绳子，反方向拉紧，可以有效防止一般风力的危害。

3. 香蕉的采收

（1）采收时期。

香蕉果棱角基本没有时，达到6.5～8成熟，此时的香蕉最适合采收，6.5成熟以下不易催熟，8成熟以上的催熟后果皮容易爆裂。

适合采收的香蕉

（2）香蕉自动传送采收。

（3）落梳、杀菌漂洗。

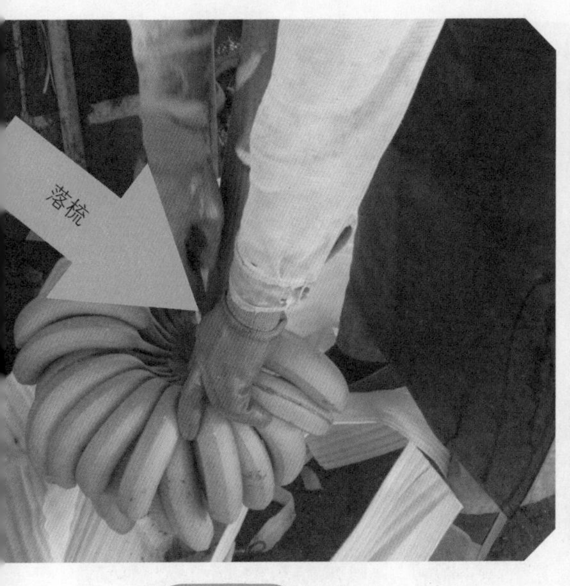

落梳

药剂处理

（4）分级、打包。

分级

漂洗分级打包

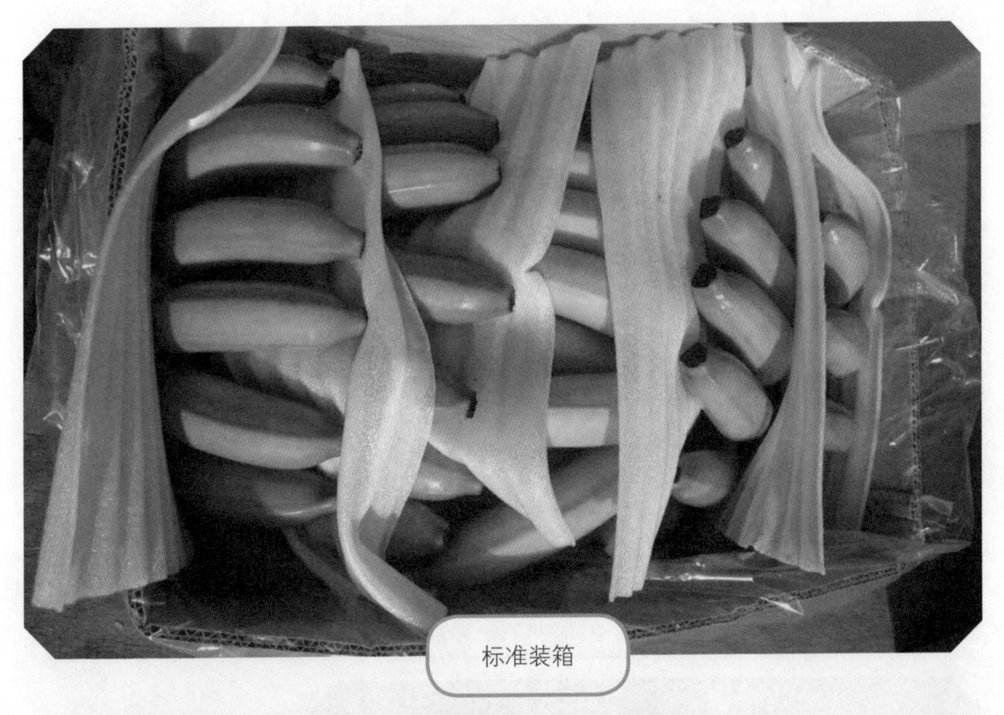

标准装箱

装箱待运

十、香蕉常见病虫害的防治

1. 香蕉叶斑病

症状：主要为害叶片。在叶脉间出现点状或短线状褪绿小斑，然后慢慢扩展为褐色条状斑，进一步扩展时条状斑，颜色变成暗褐色或黑色。田间湿度大时，病斑中央很快腐败，周围组织变黄色，多个病斑可汇合成片，叶片变黑褐色并迅速枯死。

防治措施：

①及时清园除草，割除病叶、老叶。

②控制种植密度，避免偏施氮肥。

③及早使用药剂防治，可以选用25%丙环唑乳油1 500倍稀释液、25%戊唑醇乳油1 200倍稀释液、25%苯醚甲环唑乳油1 200倍稀释液等在叶面喷施，一般每隔12～15天喷1次，连续喷3次。

2. 香蕉黑星病

症状：主要为害叶片和青果。一般先在下面叶部发病，叶面产生深褐色至黑色凸起的小颗粒，手摸有粗糙感，叶片慢慢变黄、凋萎。为害蕉果时，果皮密生麻点样病斑，严重时果皮爆裂，商品价值降低。

防治措施：

①及时清园除草，并烧毁病叶，减少病原。

②不偏施氮肥，重施有机肥、钾肥。

③在香蕉抽蕾后未断蕾前，每隔5天喷1次25%吡唑醚菌酯乳油，连喷4次，保持果实清亮干净。

3. 香蕉苗纹枯病

症状：主要发生在苗期，叶片或叶柄上出现1个或多个褪绿斑，后形成云纹状大斑，大斑中部灰白色，严重时叶片腐烂枯死。

防治措施：

①育苗棚要通风透气，降低湿度，远离水稻田和晒谷场。

②不使用育苗旧泥巴，注意清理病株。

③选用5%井冈霉素水剂1 000倍稀释液、12.5%烯唑醇粉剂1 000倍稀释液喷淋。

4. 香蕉枯萎病

症状：苗期症状不明显，香蕉抽蕾中后期症状开始明显，下部叶片和假茎的外层叶鞘发黄，从叶边缘开始往叶主脉扩展，黄化的叶片迅速凋萎，下垂叶柄在叶鞘处折曲，上部叶片相继变黄，有些病株的假茎开裂。裂口处维管束变红色或褐色，最后植株死亡。

防治措施：

①严禁从病区引进香蕉种苗。

②种植抗病、耐病品种。

③多施有机肥和钾肥，提高植株的抗病能力。

④发现田间有疑似病株，马上隔离，在根部灌草甘膦等杀死植株，切断病原。

⑤配合土壤消毒等措施，使用枯草芽孢杆菌、木霉菌等生物防治方法，可以有效控制香蕉枯萎病的爆发。

5. 香蕉炭疽病

症状：主要发生在香蕉果黄熟期，在储运过程中为害大。在黄熟果实上最初出现圆形的褐色小斑，慢慢扩展成黑褐色圆形凹陷的病斑，后期病斑上出现许多粉红色至暗红色的小点。

防治措施：

①及时清除并烧毁病叶、病花和病果。

②套袋防病。

③采果后及时落梳，使用45%咪鲜胺水乳剂1 000～1 500倍稀释液浸果1分钟，捞出晾干。

6. 香蕉冠腐病

症状：为害果实。发病时出现深褐色水渍状斑块，随后病斑逐渐从冠部向果端蔓延，病部变软、变黑，果实腐烂，失去商品价值。

防治措施：

①包装时尽量轻拿慢放，减少损伤，减少刮伤。

②采果后及时落梳，选用45%咪鲜胺水乳剂1 000～1 500倍稀释液或25.5%异菌脲悬浮剂800倍稀释液浸果1分钟，捞出晾干。

7. 香蕉叶鞘腐败病

症状：主要为害成株期香蕉中下部叶鞘部位，以抽蕾前老叶片发病最重。发病初期，在叶中背面以及叶柄与假茎连接处出现黑褐色不规则病斑，后逐渐扩展成片。在高温高湿季节，病斑加深呈水渍状腐烂，致使叶片枯萎折断，病叶从下层逐渐向上扩展。

防治措施：

①田间发现病株后，及时割掉病叶，注意工具要消毒。

②增施有机肥、钾肥，少施尿素等氮肥。

③选用2%春雷霉素500倍稀释液或20%叶枯唑可湿性粉剂400倍稀释液喷雾防治。

8. 香蕉细菌性软腐病

症状：苗期发病，在球茎或球茎与假茎交界处产生褐色斑点，球茎很快腐烂发臭，假茎形成海绵状软腐，内部维管束变褐色，病株生长点坏死，心叶萎缩或黄化，叶片逐渐变黄枯萎，病株容易倒伏或被风吹倒。

防治措施：

①选种抗病、耐病品种。

②水田种植的要开好深沟排水，避免大水漫灌或串灌，大雨过后及时排水。

③发现病株要及时挖除并销毁。

④选用2%春雷霉素可湿性粉剂800倍稀释液、88%水合霉素2 000倍稀释液、23%络氨铜400倍稀释液、20%农用链霉素粉剂3 000倍稀释液灌根，每隔10天施1次，共施3次。

9. 香蕉束顶病

症状：由香蕉束顶病毒引起，整个生长期均可感病。3～5月新长的吸芽发病最明显，新长出的叶片一叶比一叶短，而且窄小、萎缩、硬直，并成束状，形成束顶的树冠和萎缩的株形。

防治措施：

①加强检疫，选种无毒组培苗。

②发现病株要及时挖除并销毁。

③适时统一开展治蚜防病，选用10%吡虫啉1 000倍稀释液、10%啶虫脒800倍稀释液全园喷施，杀灭蚜虫，防止蚜虫传播病毒。

10. 香蕉花叶心腐病

症状：由病毒引起，主要为害株高1米左右的幼苗，导致叶片花叶，植株矮小，茎心腐烂。

防治措施：

①加强检疫，选种无毒组培苗。

②发现病株要及时挖除并销毁。

③适时统一开展治蚜防病，选用10%吡虫啉1 000倍稀释液、10%啶虫脒800倍稀释液全园喷施，杀灭蚜虫，防止蚜虫传播病毒。

11. 香蕉根结线虫病

症状：由根结线虫引起。感病植株地上部分矮小，叶片失绿无光泽，老叶先发黄，在细根上有根瘤，须根变黑，逐渐腐烂。

防治措施：

①采用新泥、无根结线虫的泥土育苗。

②在香蕉园内套种万寿菊等驱根结线虫植物。

③用10％噻唑膦乳油1 000倍稀释液淋根杀根结线虫，每隔15天淋1次，连续淋2次。

12. 斜纹夜蛾

形态特征：老熟幼虫体长38～51毫米，体色多变，有黑褐、褐、灰绿等色，背线和亚背线为黄色。

为害特点：主要以幼虫为害香蕉叶片，一年发生8～9代，一般在每年的4～5月爆发为害。2龄后分散取食为害，白天躲在叶背面或土壤缝隙阴暗处，夜间取食，午夜前后活动最旺盛。

防治措施：

①在田间使用黑光灯或糖醋液诱杀成虫。

②人工捕杀叶面上的幼虫。

③选用5%甲维盐、2.5%敌杀死、40%毒死蜱、10%氯氰菊酯等按说明倍数兑水喷施，效果都很好。

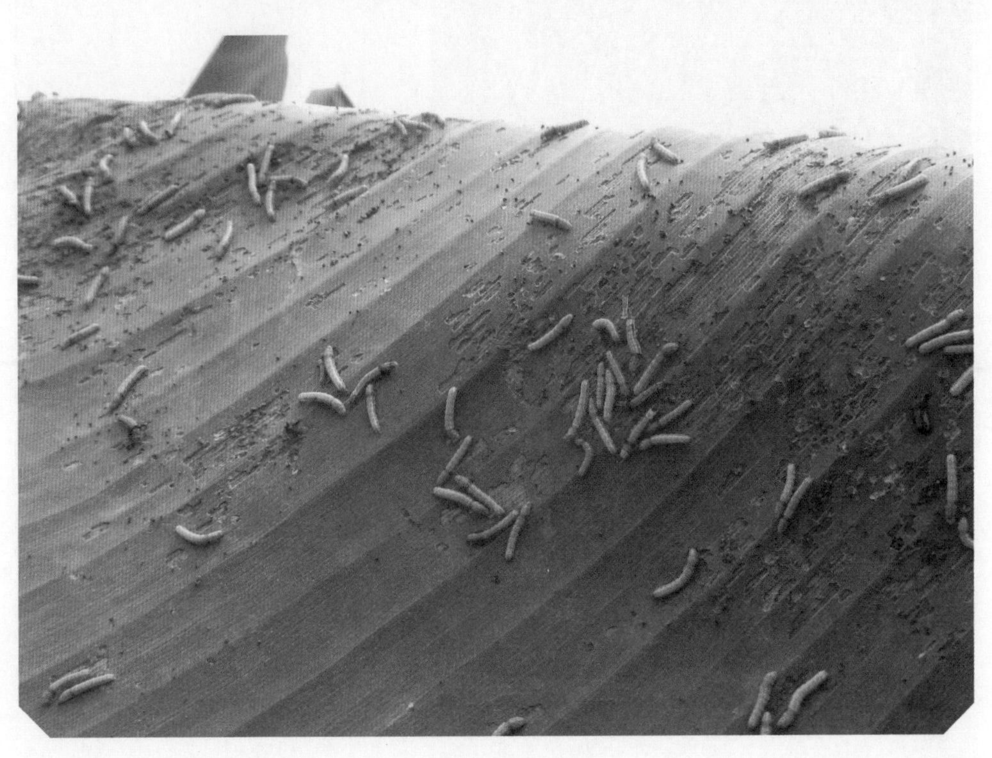

13. 白粉虱

形态特征：成虫体长约1毫米，身体及翅被白色蜡质粉状物，若虫共4龄。

为害特点：属喜温害虫，发生为害最适气温为25～30℃，一年可发生11～15代，有世代重叠现象。主要为害方式是成虫在香蕉叶片上吸取汁液排泄蜜露，造成煤污病发生严重。

防治措施：

①清除衰老叶片，深埋或烧毁。

②尽量避免混栽。

③在田间使用黄色板诱杀成虫。

④选用10％吡虫啉、25％扑虱灵等药剂1 000倍稀释液喷施，效果都很好。

14. 黄胸蓟马

形态特征：成虫体长约1.2毫米，体呈淡黄色至暗棕色；若虫体形与成虫相似，但较小，淡褐色，无翅，眼退化。

为害特点：在广西一年发生20多代，为害香蕉果实。当香蕉现苞、苞叶未打开时，成虫便从苞叶基部处进入苞内，在嫩果表皮产卵，造成蕉皮上长黑点，影响商品价值。

防治措施：

①及时铲除田间地头杂草。

②在田间用蓝色的黏虫带悬于植株间诱捕杀黄胸蓟马。

③选用10%吡虫啉、5%氟虫腈100倍高浓度稀释液灌顶，效果非常好。

15. 红蜘蛛

形态特征：成螨体长0.28～0.32毫米，体呈红色至紫红色，雄成螨体形略小。

为害特点：一年可发生20代以上，主要以成螨、若螨在香蕉叶背面吸取汁液为害，高温干旱季节发生最为严重，整个叶片变黑色，严重影响香蕉生长。

防治措施：

①清除杂草，收获后及时清除残株败叶。

②保护和利用天敌。

③选用1.8%克螨克乳油4 000倍稀释液、73%克螨特1 000倍稀释液、5%尼索朗乳油2 000倍稀释液喷叶片，效果很好。

16. 叶甲

形态特征：成虫体长3～5.5毫米，宽2～3.2毫米，体形变异大，有铜绿型、蓝绿型、红棕型等。

为害特点：在广西南宁一年发生3～4代，主要为害香蕉嫩叶和刚刚抽蕾的嫩果皮，嫩果皮被咬得伤痕累累，失去商品价值。

防治措施：

①冬季清除田间假茎枯叶、杂草和无用吸芽。

②人工捕杀。

③选用48%毒死蜱乳油1 000倍稀释液、2.5%功夫乳油500倍稀释液、1.8%阿维菌素乳油1 500倍稀释液喷雾，效果都很好。但必须隔天检查，一旦发现有新飞进来的叶甲，必须补喷。

16. 蕉苞虫

形态特征：成虫体长30～35毫米，幼虫初孵出时体长约6毫米，头大、黑色。

为害特点：在广西一年发生5～6代，主要以幼虫咬食叶片造成缺口，再吐丝将破叶反卷成苞，在苞内取食。

防治措施：

①人工杀虫。一是网捕成虫，二是摘除虫苞集中烧毁。

②选用10%敌杀死800倍稀释液、50%辛硫磷1 000倍稀释液喷雾，效果都很好。